Bayron Ruiz

APROVECHAMIENTO Y MANEJO FORESTAL EN 100 ha DE BOSQUE HÚMEDO TROPICAL

Bayron Ruiz

APROVECHAMIENTO Y MANEJO FORESTAL EN 100 ha DE BOSQUE HÚMEDO TROPICAL

Aprovechamiento y manejo forestal en el trópico

Editorial Académica Española

Imprint

Any brand names and product names mentioned in this book are subject to trademark, brand or patent protection and are trademarks or registered trademarks of their respective holders. The use of brand names, product names, common names, trade names, product descriptions etc. even without a particular marking in this work is in no way to be construed to mean that such names may be regarded as unrestricted in respect of trademark and brand protection legislation and could thus be used by anyone.

Cover image: www.ingimage.com

Publisher:
Editorial Académica Española
is a trademark of
Dodo Books Indian Ocean Ltd. and OmniScriptum S.R.L publishing group

120 High Road, East Finchley, London, N2 9ED, United Kingdom
Str. Armeneasca 28/1, office 1, Chisinau MD-2012, Republic of Moldova, Europe
Printed at: see last page
ISBN: 978-620-0-00933-3

APROVECHAMIENTO Y MANEJO FORESTAL EN 100 ha DE BOSQUE HÚMEDO TROPICAL

DR. BAYRON ALEXANDER RUIZ BLANDON

TABLA DE CONTENIDO

1. RESUMEN EJECUTIVO

Desde épocas remotas el hombre ha utilizado de forma continua la madera como material para la construcción de herramientas y estructuras, y para la obtención de subproductos generados en la producción que han sido y son importantes para el desarrollo de la sociedad (látex, fábrica de pastas de papel, medicina).

El aprovechamiento intensivo del recurso forestal ha tenido y tiene efectos perjudiciales sobre el medio ambiente, se observa una drástica reducción de zonas verdes a nivel mundial debido a la explotación de selvas y bosques sin aplicar programas de reforestación; también existen zonas imposibles de recuperar, se presentan especies de fauna y flora en vía de extinción y ya extinguidas.

La mayoría de los aprovechamientos forestales se realizan con fines industriales, algunos con propósitos ornamentales, aunque adquieren mayor importancia cada vez y muy pocos basados en el mantenimiento del entorno natural.

Al elaborar un Inventario Sistemático al Azar en el municipio de Medio Baudó, corregimiento de Pie de Pepé (Quebradas Pepé Claro y Pepé Sucio) se pretende programar un Plan de Manejo Forestal que reduzcan los impactos negativos generados por la tala indiscriminada y por el uso irracional de los recursos naturales tanto renovables como no renovables.

También se cuantificará y cualificará las especies de regeneración natural para conocer su abundancia, su diversidad y el tipo de cubierta vegetal existente en este bosque para su futuro manejo, conservación o aprovechamiento.

La ordenación forestal sostenible busca garantizar la permanencia de las áreas boscosas en cuanto a su extensión, composición y características, que permitan adelantar el manejo y aprovechamiento forestal sin reducir significativamente la posibilidad económica de producción permanente de bienes y servicios, y de conservar la estabilidad del ecosistema natural, la biodiversidad y el patrimonio forestal.

El Plan de aprovechamiento forestal es la descripción de los sistemas, métodos y equipos a utilizar en la cosecha del bosque y extracción de los productos, presentado por el interesado en realizar aprovechamientos forestales únicos. El Plan de manejo forestal, es la formulación y descripción de los sistemas y labores silviculturales a aplicar en los bosques sujetos a aprovechamiento, con el objeto de asegurar su sostenibilidad.

Los Planes de Aprovechamiento y Manejo forestales nos permiten conocer la estructura de la vegetación, la riqueza de las especies y el estado del bosque, es decir obtener información florística cualitativa y cuantitativa del bosque; que faciliten tomar decisiones de aprovechamiento o de manejo sostenible sobre los bosques naturales tropicales, para usar de forma eficiente y racional los recursos naturales renovables y no renovables.

El Aprovechamiento y Manejo Forestal sostenible de los bosques, implica que se conozcan muy bien todos los productos disponibles dentro del ecosistema, con el fin de planificar mejor su uso, conocer sus potencialidades económicas de modo integral y disponer de varias alternativas de uso económico, para realizar el uso que sea más aconsejable con base en las particularidades biológicas y silviculturales del bosque.

Se pretende entonces realizar un Plan de Aprovechamiento y Manejo Forestal en una superficie boscosa de 100 hectáreas, en el departamento del Chocó, municipio de Medio Baudó, corregimiento de Pie de Pepé (Quebradas Pepe Claro y Pepe Sucio). Además ejecutar un Inventario Estadístico en una superficie boscosa de 100ha, con una intensidad de muestreo al 2%, o sea 2ha; obtener información sobre las especies que conforman los bosques; calcular y analizar los índices convencionales para las especies encontradas en el inventario forestal, en el área de muestreo; determinar el volumen total existente de madera en pie y el aprovechable por unidad de superficie en el área de muestreo; describir los posibles impactos ecológicos y sociales que pueda ocasionar o producir el aprovechamiento forestal en área de estudio; y efectuar unos estudios descriptivos de las condiciones biofísicas y socioeconómicas de la comunidad del corregimiento de Pie de Pepé (Quebrada Pepe Claro y Pepe Sucio), municipio de Medio Baudó.

2. FUNDAMENTOS Y ESTRATEGIAS PARA EL USO, MANEJO Y APROVECHAMIENTO SOSTENIBLE DE LOS BOSQUES NATURALES EN EL MEDIO BAUDO

2.1 BASE SOCIAL.

El municipio del Medio Baudó, exactamente el corregimiento de Pie de Pepe, es muy acogedor, por la calidad de sus habitantes, por su amabilidad y cordialidad. Los servicios públicos como energía, acueducto, salud y educación no son eficientes y tienen bajos índices de cobertura, este cuenta con un centro de salud y el nivel de educación es básica primaria y enseñanza media. Además, hay una estación de policías e iglesias.

La población del corregimiento de Pie de Pepé se muestra como la más organizada. La comunidad manifiesta que de diversas formas se han creado grupos y asociaciones en torno a diferentes temas de interés. Uno de los indicadores más importantes, de su capacidad de organización, tal vez lo constituye, la creación de la Emisora comunitaria; mediante la cual se han establecido importantes lazos de solidaridad entre la comunidad de Pie de Pepé y los asentamientos más próximos. Otra de las asociaciones actuales en Pie de Pepé la constituye la Asociación ASPROCAPEB, así como otras de Artesanos y grupos folklóricos.

2.2 BASE ECONÓMICA

La base de la economía del corregimiento de Pie de Pepe es la actividad agrícola, la minería artesanal, y el aprovechamiento maderero; la mayor parte de los ingresos de las familias de esta población se deben a dichas prácticas. Además, se desarrolla la caza de animales en el bosque destinado básicamente a la subsistencia.

2.3 BASE AMBIENTAL

La parte ambiental ofrece la posibilidad de proteger los recursos naturales, el medio ambiente y la biodiversidad, los cuales constituyen la base de un aprovechamiento razonable y de la preservación del potencial biótico y abiótico de la zona generando una mejor forma de vida para los habitantes de esta comunidad.

3. INFORMACIÓN GENERAL

3.1 Tiempo del aprovechamiento.

3.2 UBICACIÓN GEOGRÁFICA Y ADMINISTRATIVA.

El municipio de Medio Baudó está localizado en la parte central del departamento del Chocó. Su cabecera municipal es Puerto Meluck, población emplazada en la margen izquierda del río Baudó a los 05°11´66.5" de latitud norte y 76°57´28.7"de latitud oeste del meridiano de Greenwich, a una distancia de 95 km de Quibdó aproximadamente.

El municipio tiene una extensión de 1.390,6 Km² y limita por el norte con el municipio de Alto Baudó, por el sur con el municipio de Bajo Baudó, por el oriente con el municipio de Istmina y el municipio del Cantón de San Pablo y por el occidente con el municipio del Alto Baudó.

El corregimiento de Pie de Pepé tiene una extensión de 8.374,74 ha que equivalen al 6,01% del área total del municipio de medio Baudó. El corregimiento de Pie de Pepe limita al norte con el municipio de Istmina, al sur con el corregimiento de Beriguadó, al occidente con el corregimiento de Corundó y al oriente con el municipio de Istmina.

Pie de Pepé se encuentra a 100m.s.n.m; sus veredas o poblaciones rurales son Pie de Pepé, Boca de Berrecuí y Aguacatico.

3.3 IDENTIFICACION DEL SOLICITANTE Y RESPONSABLE TECNICO

3.3.1 Solicitante. Luís Ernesto Mosquera "Presidente Consejo Comunitario del corregimiento de Pie de Pepé".

3.3.2 Responsable Técnico. Ingeniero Ascanio Arriaga Arango.

3.4 DESCRIPCIÓN DE LA UNIDAD DE MANEJO FORESTAL.

3.4.1 Área y Límites. El corregimiento de Pie de Pepé hace parte de la cuenca del río Baudó, la cual se inserta dentro del macro ecosistema de selva húmeda tropical del Pacífico. Su territorio, en la mayor parte es plano y selvático con una altura promedio de 13 msnm.

El río Baudó recorre el corregimiento de sur a norte por un valle estrecho que poco a poco se va ampliando. Este, es el eje natural y de transporte del corregimiento y del municipio a través del cual se integran y comunican las poblaciones.

3.4.2 Propiedad y Derechos Adquiridos. Las comunidades Afrocolombianas poseen la tierra por sucesión tradicional de familia. Cada pueblo posee un territorio como comunidad y dentro de esta, cada familia tiene terrenos de forma particular para las labores agropecuarias. El aprovechamiento de las áreas de bosque se hace de manera individual o colectiva con el permiso de la comunidad.

Las comunidades Afrocolombianas por considerarse grupos étnicos y con tradición cultural, quedan amparados en la Ley 70/93, por lo cual el Estado se obliga a titular las tierras que han ocupado tradicionalmente, en forma colectiva.

El consejo comunitario ACABA con base en esta ley, ha presentado ante el INCORA, la solicitud titulación colectiva del territorio correspondiente a la cuenca media y alta de Baudó y parte de Pie de Pepe. El territorio solicitado corresponde a terrenos baldíos ubicados dentro del área delimitada como de reserva forestal mediante la Ley 2ª de 1959.

Dentro del área comprendida para la solicitud se encuentran algunos predios ya titulados por el INCODER, por lo cual quedarían excluidos de la titulación colectiva. La solicitud comprende la totalidad del territorio del medio Baudó y parte del bajo y Alto Baudó.

Durante 1999, se conformó un nuevo consejo comunitario que recoge parte de las comunidades de Pie de Pepé, desde Angostura hasta Berrecuí. Este Consejo Comunitario ha hecho su respectiva solicitud de titulación, separándose de la titulación de ACABA.

Actualmente el trámite de dichas solicitudes se encuentra en proceso de estudio y re-definición ya que algunas comunidades no están de acuerdo y de otro lado el INCORA considera inconveniente una única titulación sobre un territorio que cobija más de un municipio.

Existen varias comunidades indígenas asentadas en esta zona, de las cuales ocho (8) fueron incorporadas en la Ordenanza departamental. Y seis (6) son reconocidos legalmente como resguardo según registro de comunidades indígenas del INCODER. Las comunidades indígenas ubicadas en esta área tienen los correspondientes títulos colectivos que los acreditan como Entidades territoriales autónomas dentro del municipio. Estas son el resguardo del Río Torreidó - Chimaní, el resguardo Santa Cecilia, Resguardo Puerto Libre, Resguardo Trapiche, Resguardo Purricha y Resguardo Dabeiba - Querasito.

3.4.3 Historia del bosque. El bosque ha sido aprovechado con fines tanto comerciales como de uso doméstico por las comunidades, haciendo una extracción selectiva de las especies según los gustos y preferencias de la comunidad, según la calidad y valor comercial de la madera. Además, no se hace la solicitud respectiva a la entidad competente, ni se establecen Planes de Aprovechamiento y Manejo que garanticen el rendimiento normal y sostenible del bosque.

3.5 CONTEXTO SOCIAL

El corregimiento de Pie de Pepé, está conformado por un sistema de pequeños asentamientos; la mayor parte del territorio está cubierto de bosques y selvas. Pie de Pepé presenta características semiurbanas, con una población de 783 habitantes.

Hasta el año 2003 fue cabecera municipal del Medio Baudó, el centro urbano de Boca de Pepé a partir de la emisión de la ordenanza No. 008 de 2003, fue constituida como centro principal administrativo del municipio el Centro poblado de Puerto Meluck.

3.5.1 Aspectos socioeconómicos y demográficos. La localización de los asentamientos, sobre el territorio municipal se concentra fundamentalmente en seis ejes que corresponden a los elementos hídricos más importantes; un eje central sobre el río Baudó, unos ejes axiales secundarios conformados por el río Pepé, el río Berreberre, rió Misará y Torreidó, Río Baudocito y unos ejes terciarios conformados por Quebradas tributarias donde se asienten algunas poblaciones.

La carretera Puerto Meluck – Pie de Pepé constituirá un nuevo eje que paulatinamente toma la fuerza en la medida que se mejoran las condiciones de movilidad, dadas por la construcción de la banca y el incremento de la frecuencia del transporte.

El corregimiento de Pie de Pepé tiene 783 habitantes, con una densidad de 27,6hab/ha. Se encuentran 425 viviendas concentradas y 25 viviendas dispersas, para un total de 450 viviendas en este territorio.

3.5.2 Servicios Públicos. La baja cobertura y la deficiente calidad de los servicios públicos, fueron determinadas por la comunidad como los dos factores que más inciden en la baja calidad de vida que ofrece el corregimiento.

3.5.2.1 Telecomunicaciones. En este corregimiento el servicio de comunicación es deficiente, cuenta con una línea telefónica que funciona como receptora (COMPARTEL). Esta situación se debe a la inexistencia de un contrato entre Telecom y la comunidad, así como a unos dineros que la comunidad le adeuda a esta entidad, después de una mala administración del servicio, la cual es utilizada por toda la comunidad, no abastece totalmente las necesidades de la población. Los servicios de televisión y radio tienen baja cobertura y son regulares. Actualmente funciona en una caseta comunitaria.

3.5.2.2 Educación. El equipamiento de educación con que cuenta el corregimiento se limita a las escuelas; el único colegio que funciona no tiene las instalaciones propias. Con relación a los indicadores de cobertura y calidad se determinó lo siguiente:

El nivel de cobertura de enseñanza preescolar, primaria y secundaria varía, siendo más baja la de secundaria, con solo un 6%, seguida de la preescolar con un 45%; las cifras de primaria presentan un 100% de cobertura. El servicio no cubre la demanda total de la comunidad. (Ver fig. 1)

Las construcciones tienen una calidad regular, no cuenta con el servicio sanitario y carecen de zonas deportivas adecuadas. La dotación de las escuelas es escasa e insuficiente.

3.5.2.3 Salud. El corregimiento cuenta con una infraestructura de un puesto de salud administrado con recursos de la alcaldía. El servicio de salud tiene muy baja cobertura en cuanto al personal médico se refiere, ya que solo hay un profesional que atiende, y no se cuenta con una red de apoyo de enfermera(o)s o promotores de salud que atiendan el puesto de salud.

El puesto de salud tiene una infraestructura física aceptable, pero con necesidad de reparaciones; por tener construcciones en deficientes condiciones. La calidad de la dotación también es deficiente, pues se cuenta con por lo menos una camilla.

3.5.2.3 Acueducto. La cobertura del servicio es amplia, debido a que la mayoría de la población cuenta con el diariamente. En cuanto a la calidad regular, ello se debe la falta de tratamiento de las aguas de abastecimiento y ausencia de tanques de almacenamiento.

3.6 ECONOMÍA LOCAL.

Para el análisis de la economía local en el corregimiento se dividieron las actividades económicas en sectores: primario, secundario y terciario; sin perder la interrelación que existe entre ellas como cadenas productivas.

3.6.1 Sector Primario. Se conoce como sector primario, la producción económica que depende del aprovechamiento explotación inmediata de los recursos naturales. En esta categoría de producción se tienen la agricultura, el aprovechamiento ganadero y piscícola, la explotación minera y la extracción maderera.

3.6.1.1 Agricultura. A pesar de que el sector agrícola es la base de la economía del municipio, su productividad y comercialización es incipiente, predominando en todo el territorio la producción de pan coger. Algunos pocos excedentes, se comercializan en Istmina o Buenaventura. De acuerdo con la Encuesta a productores, se pudo establecer que de los 19 encuestados, solo el 20% comercializa los productos.

Según el documento de ACABA, la forma de aprovechamiento de la agricultura es totalmente artesanal y tradicional, se utiliza básicamente "la técnica de la socola, tumba y pudre que para cada producto tiene sus particularidades, pero en general cosiste en abrir un terreno de bosque hecho, es decir, primario o que lleva de tres a cinco años de descanso; para esto, primero se cortan con rula los arbustos, palmas y árboles pequeños para proceder a regar sobre ellos la semilla, y posteriormente se tumban con hacha los árboles más grandes para que su descomposición sirva como abono".

La extensión que cultiva cada productor varía entre tres y cinco hectáreas; se calcula que cada familia necesita por lo menos seis hectáreas para sobrevivir, de las cuales dos están dedicadas al plátano. Para facilitar la rotación y de acuerdo con la disponibilidad de la mano de obra, acostumbran a tener varios lotes en diferentes tramos del río y de diferentes calidades para poder tener cosechas de plátano y por lo menos una cosecha anual de maíz y de arroz. Cada lote se utiliza máximo dos cosechas para dejarlo descansar.

a) Localización

La producción agrícola se da en todo el territorio, porque ella es la base económica de todos sus habitantes. Pie de Pepé es uno de los corregimientos del Medio Baudó con mayor extensión de tierras cultivadas.

Los productos de mayor cultivo en esta zona son: el plátano, banano, maíz, arroz, caña de azúcar, chontaduro y yuca. (Ver fig. 4). El plátano y el maíz, son los productos que más territorio ocupan. Es importante resaltar que dada la forma de aprovechamiento clasificada técnicamente como agroforestería y cultivos transitorios artesanales no afectan en gran medida el ecosistema del bosque.

3.6.1.2 Producción Pecuaria. La producción pecuaria en el corregimiento es incipiente y en su mayoría es para el autoconsumo.

La cría del cerdo se hace sin ninguna técnica, pues una vez la hembra saca la cría, los hijos se levantan al lado de esta sin mayor cuidado. El dueño, solo se preocupa por la alimentación de la hembra; una vez los críos pueden defenderse, se llevan a los cultivos de maíz para que allí crezcan entre cosecha y cosecha.

Otras especies animales que se crían son gallinas y patos, pero en poca cantidad y solo para el consumo familiar. En Pie de Pepé, se adelanta la cría experimental de algunas especies de pescado.

3.6.1.3 Minería. No es una actividad significativa en esta comunidad, porque, aunque se tiene conocimiento de la existencia de metales preciosos en el río Pepé, no se conocen cifras de la producción. Esta se hace de manera artesanal con la técnica del mazamorreo.

3.6.1.4 Pesca. No es una actividad económicamente rentable de la población, porque las pocas especies que allí se consiguen, están en vía de extinción. La poca actividad pesquera se hace para el consumo familiar. El pescado que se consume en su mayoría es de mar y proviene de las costas de Pizarro.

3.6.15 Aprovechamiento forestal. Una de as actividades económicas más importantes de Pie de Pepé, es la explotación de maderas indiscriminada, por lo tanto, es difícil de cuantificar, pero es importante resaltar que es el producto de mayor intercambio comercial con Buenaventura y el departamento de Risaralda.

Las especies que más se talan o se aprovechan son el Cedro, Roble, Ceiba, Abarco, Peine mono, Sande, Chibuga, Guino y Pantano.

3.6.2 Sector Secundario. Se entiende por sector secundario, todas las actividades económicas que implican el procesamiento de materias primas, para la generación de insumos industriales o productos finales para el consumo. En este sector de la economía, en Pie de Pepé se tienen las industrias manufactureras y el procesamiento de alimento para el consumo.

3.6.2.1 Pequeña Industria (Manufactura). Existen en esta población una industria manufacturera de pequeña escala. En boca de Pepé, se encuentra una pequeña industria de colchones que viene dando los primeros pasos sin suficiente comercialización y volúmenes de ventas. Existe también una panadería que ha tenido suficiente demanda que hace prever su crecimiento.

También hay un aserradero que produce buena cantidad de madera al año cuando las condiciones climáticas lo permiten. Este está instalado en la quebrada, Boca de Pepé.

3.6.3 Sector Terciario.

3.6.3.1 Comercio. Teniendo en cuenta que es corregimiento especialmente agrícola y que sus productos como se anotó anteriormente, son en su mayoría para el consumo interno y el excedente de la producción, se vende a intermediarios que comercializan en los municipios de Istmina y Bajo Baudó, se puede prever que hay también un bajo nivel de ingresos por este concepto. El poco comercio existente, lo constituyen pequeñas tiendas de alimentos y abarrotes.

En cuanto al consumo de bienes manufacturados y alimentos procesados se adquieren en Buenaventura, Istmina y Quibdó de acuerdo con la encuesta a productores.

3.8 CASERÍA.

En la mayor parte de los bosques de esta comunidad, se practica la extracción de vida silvestre o casería y pesca comunitaria, generalmente comprende zonas de colinas y serranías donde persiste la gran variedad de fauna silvestre, que sirve de base para la alimentación de la población.

3.9 AGRICULTURA. En esta zona se practica la agricultura tradicional, representada en sistemas agroforestales y misceláneos de cultivos y cultivos transicionales, combinado con el uso extractivo de plantas medicinales y el uso de la vegetación natural.

Los cultivos predominantes son el plátano, el maíz el arroz, la yuca, el barajó y frutales entre otros. El uso de la agricultura tiene en el corregimiento diversas modalidades:

3.9.1 Sistemas Agroforestales. Cuando simultáneamente en un lote o parcela se siembra un cultivo calificado como agrícola, ya sea temporal, semipermanente o permanente, se intercala con siembra de árboles con destino a la producción de madera, leña, frutas, resinas o productos secundarios en períodos largos de producción. También se da la combinación con pastos para ganadería (silvopastoril) o la combinación de los tres (agrosilvopastoril).

En esta zona este sistema se utiliza con cultivos permanentes o semipermanentes con ciclos semestrales o anuales como el Plátano, el Borojó y el Chontaduro. Además de especies forestales como el Cedro.

3.9.2 Agricultura de Misceláneos. Este tipo de actividad se realiza principalmente con cultivos permanentes y/o transitorios entremezclados de diferentes especies generalmente de pan coger. El tamaño de las parcelas va de pequeñas a medianas (0.5 a 20 hectáreas). Especialmente el Plátano, Yuca y Frutales.

3.9.3 Agricultura Transitoria. Esta actividad consiste en la apertura o tala en áreas de bosque en las cuales se siembra gran variedad de cultivos de carácter transitorio, en pequeñas áreas de barbechos relictos de bosques, potreros en asocio con pequeñas parcelas de cultivos de maíz y arroz.

3.9.4 Ganadería. La ganadería es un uso que apenas se está introduciendo en este corregimiento, este se hace en pequeña escala. Es importante tener en cuenta que, aunque este uso aún no es significativo tiende a crecer y en algunos casos se está realizando en zonas no adecuadas.

3.9.5 Minería. Esta no es una actividad muy común en el municipio. Existen áreas restringidas en la cuenca del río Pepé, donde se hace minería artesanal de bajo impacto sobre las fuentes hídricas y la hidrófana asociada, aunque las practica más frecuentes es el mazamorreo.

3.10 EXTRACCIÓN FORESTAL.

La actividad forestal en la actualidad no es muy difundida, pero representa un uso importante dentro de la zona ya que gran parte del área total se dedica a esta actividad. Esta extracción consiste en la entresaca selectiva de especies de valor comercial, lo que se traduce en un equilibrio de la diversidad de especies y densidad del bosque aprovechado; esta práctica se realiza en las zonas altas de los ríos, con énfasis en la cuenca del río Pepé.

3.11 PRODUCTOS NO MADERABLES.

Los habitantes de esta comunidad, a los productos no maderables del bosque, es decir, todos los productos diferentes a la madera que se extraen del bosque, no se les da mucha importancia por falta de conocimiento en cuanto a su uso, pero en algunos casos se extraen planta medicínale y aromáticas con fines comerciales.

3.12 SERVICIOS AMBIENTALES.

Estos servicios son principales para el buen desarrollo de la comunidad como lo son los recursos naturales renovable tales como la fauna, la flora, los recursos microbiológicos, el suelo y los recursos no renovables que son de vital importancia para la subsistencia de esta comunidad.

3.13 SERVICIOS CULTURALES.

Estos son importantes para la comunidad debido a que la forma de subsistencia, las costumbres y creencias son heredadas de generación en generación, conservado los rasgos tradicionales y ancestrales.

Se celebran las fiestas de la Virgen del Carmen el 16 de julio.

3.14 GEOMORFOLOGÍA, TOPOGRAFÍA Y SUELOS.

Los suelos forestales bajo el bosque húmedo tropical (bh-T) se caracterizan porque se han desarrollado bajo la influencia de una cubierta forestal, con efecto marcado de sistema radicular superficial, la asociación de organismos específicos de la vegetación y el suelo y la capa de hojarasca, o el "litter" junto con el lavado de nutrientes. Existe en este tipo de suelos una estrecha interrelación de las propiedades químicas, físicas y biológicas en asocio con las condiciones climáticas de alta temperatura y alta pluviosidad en los factores de formación de estos suelos.

Según el Sistema de Clasificación por Capacidad de Uso, los suelos de Pie de Pepé se clasifican en ocho y se designan con números romanos los cuales representan grupos de suelos que tienen el mismo grado relativo de riesgos o limitaciones en su uso, los cuales se hacen progresivamente mayores de la clase I a la VIII.

Los suelos de las primeras cuatro clases son capaces de producir cultivos bajo condiciones adecuadas de manejo. Los suelos de las clases V, VI y VII son adecuados para el uso de plantas nativas adaptables; las clases V y VI pueden producir cultivos especializados y plantas ornamentales. Los suelos de la clase VIII no son adecuados para la actividad agropecuaria.

Las subclases son grupos de unidades de capacidad dentro de las clases, que tienen el mismo grado de limitaciones dominantes para su uso agrícola. Se reconocen dentro del nivel de las subclases

Cuatro limitaciones: erosión (e); humedad, drenaje e inundación (h); limitaciones de la zona radicular (s); y limitaciones climáticas (c).

Los suelos del corregimiento de Pie de Pepé, presentan potencialidades de uso que comprenden diversos tipos de agricultura, el uso forestal y la conservación de fauna y flora: como son tierras aptas para agricultura, tierras aptas para cultivos mejorados permanentes, tierras con vocación forestal y tierras aptas para la vida silvestre.

3.15 HIDROGRAFÍA E HIDROLOGÍA

La alta precipitación determina un patrón de drenaje denso, constituido por numerosas corrientes de aguas (ríos y quebradas) y depósitos de aguas (pantanos). Los ciclos hidrográficos de las corrientes de agua están regulados por la precipitación. Las diferentes corrientes de agua son de gran importancia en la zona, ya que no existen otras vías de comunicación. El sistema hídrico del municipio se compone de un sistema de ríos y quebradas tributarios del río Baudó.

La cuenca Baudó es el tercer sistema hídrico en orden de importancia en el Chocó después del Atrato y el San Juan, comparándose con este último por la velocidad de caudal, pero de menor importancia en cuanto a situación geográfica.

Río Pepé, es el afluente más importante del río Baudó, navegable en gran parte de su recorrido, sobre todo en época de invierno. Nace al noroeste de Bocas de Pepé y presenta un recorrido aproximado de 24km. Los afluentes más importantes son: Quebrada la brea, Beriguadó y Sandó.

3.16 CLIMA

El corregimiento presenta la siguiente Unidad Climática:

Cálido Húmedo y Perhúmedo (Cp), teniendo un cubrimiento del 100 % del territorio.

El clima de la zona se encuentra determinado por:

- Vientos marítimos que circulan del océano hacia el continente.

- Conformación orográfica del área: La cordillera occidental y sus estribaciones impiden el paso de los vientos del Norte, contribuyendo en esta forma a la alta precipitación que se registra en esta zona; además, su ubicación en la zona intertropical de las calmas ecuatoriales, con baja presión atmosférica, alta nubosidad y temperatura constante, permiten la formación de los diferentes microclimas.

- Es importante destacar la influencia que tiene la corriente de Humboldt sobre el clima de la región, al modificar la temperatura de los vientos alisios del sureste al pasar por dicha corriente.

Con la ayuda de la información obtenida en el IDEAM, permitirá llegar a un análisis más concreto del comportamiento climático del corregimiento, mediante datos procesados con métodos estadísticos precisos, los cuales serán relacionados con la información cartográfica y mapificada de los diferentes parámetros a analizar.

De otro lado se evaluaron las estaciones representativas para el área municipal, de las cuales se seleccionaron seis estaciones. Las estaciones proporcionaron registros de lluvia, mientras que la sinóptica registró información de temperatura, humedad relativa, brillo solar y nubosidad.

3.16.1 Precipitación. Pie de Pepé está sometido a un régimen de lluvia bimodal, producto, y a unos valores de lámina precipitada permanentemente altos debido a la confluencia regional de masa de aire húmedos de los orígenes indicados. Con lluvias anuales entre 4.000 y 10.000 mm, se presentan fuertes lluvias casi a diario, durante la mayor parte del año. Las condiciones climáticas de la zona son altas temperaturas, aire húmedo, y abundantes precipitaciones, 7.500 mm en promedio.

Este clima genera condiciones de insalubridad debido a la humedad y a la fangosidad, lo que origina criaderos de zancudos. Presenta periodos secos durante los meses de diciembre, enero, febrero y marzo; de invierno en abril, mayo, junio, septiembre a noviembre, en julio y agosto hay un periodo de transición.

3.16.2 Temperatura. La temperatura del aire es una variable de menor variación estacional, los cambios entre mes y mes en un mismo lugar son fundamentalmente a estados diferenciales de nubosidad atmosférica y por ende de variaciones en la radiación incidental en el ámbito de la superficie terrestre, las temperaturas oscilan en promedio entre 26 y 28°C. (Ver fig.6).

3.16.3 Humedad Relativa. La humedad relativa media de las estaciones que contaron con esta información se mantiene en promedio del 90%, tanto en el período lluvioso como en el seco. Sin embargo, es importante destacar que hacia la parte occidental es bastante elevada, con valores que se encuentran por encima del 90%. (Ver fig. 7).

En general los valores son más altos durante el período seco, presentándose también algunos incrementos durante el período húmedo.

3.16.4 Brillo Solar. El número de horas de brillo solar se halla influenciado en la zona en gran medida por la precipitación en los diferentes meses del año. En la estación con registro heliográfico el período seco muestra que es el de mayor insolación, mientras que el período húmedo registra los valores más bajos.

Los valores de brillo solar oscilan entre 65 y 110 horas mensuales, presentando al mes de noviembre como el más bajo y el mes de febrero como el más alto.

3.16.5 Velocidad del viento. La velocidad del viento es relativamente baja con un promedio diario que oscila 1.0 a 1.5 metros por segundo (-m/s-), con una distribución bimodal con la Zona de Confluencia Intertropical; los máximos relativos se presentan en los meses de abril, mayo y noviembre. La variación diurna de la velocidad del viento coincide, en términos generales, con lo que normalmente ocurre en la región tropical. Presentándose las velocidades más altas en las horas del mediodía, las intermedias en las primeras horas de la noche y las más bajas en la madrugada.

3.16.6 Evaporación. La evaporación se define como la pérdida de agua de un terreno totalmente cubierto por un cultivo verde de poca altura, por evaporación del suelo y transpiración de las plantas sin que exista limitación de agua.

Con el análisis de la evapotranspiración se sintetiza el clima, ya que integra varios elementos atmosféricos y sirve de base para investigaciones aplicadas como requerimientos de agua para riego (balances hídricos y cálculo de índices), que sirven para establecer comparaciones y clasificaciones concretas de un clima (Holdridge, 1978).

La evaporación mensual en el corregimiento de Pie de Pepe, presenta el siguiente comportamiento: En general se presentan valores que no varían mucho durante el año. Sin embargo, en todas las estaciones representativas, se obtienen valores más altos entre los meses de marzo y junio con registros que oscilan entre los 125 y los 140 milímetros mensuales. A partir del mes de julio se reducen los valores muy poco en relación con los del primer período, con registros que oscilan entre los 120 y los 135 milímetros.

3.16.7 Balance Hídrico. Con base en la precipitación y la evaporación se puede estimar el consumo de agua de los cultivos en el llamado Balance Hídrico, a la vez, que se puede determinar la disponibilidad hídrica de una zona o sitio particular.   Además, permite establecer los períodos de deficiencias y excesos de agua en el transcurso del año.

Los balances hídricos se calcularon con base en los datos del promedio mensual y precipitación mensual. A partir de esta comparación se definen excesos o déficit pluviométricos, los cuales se relacionan con la reserva útil del suelo.

Para el análisis del balance hídrico, es conveniente que el primer mes de toda la serie se sitúe a fines de la época seca (verano), cuando se sabe que están agotadas las reservas hídricas del suelo.
Cuando la cantidad de agua aportada por precipitación, sobrepasa la capacidad de almacenamiento del suelo, se generan excesos. Los excesos de

agua van disminuyendo, con rangos que oscilan entre los 300 y 900 milímetros, sin embargo, siguen siendo elevados.

El déficit se presenta cuando la precipitación no logra restablecer la cantidad de agua útil, en este caso teóricamente de 100 mm El déficit son totalmente ausentes en toda la región.

4. PLANIFICACION DE LA UNIDAD DE MANEJO FORESTAL.

4.1 ZONIFICACION.

Tomando como referencia, el trabajo de campo del inventario forestal estadístico, se ha establecido que dentro de las 100 has del área de estudio, el 90% son hábiles para la producción de madera, de acuerdo con las necesidades de uso de la población y las necesidades de comercialización del propietario del predio y del Consejo Comunitario.

4.1.1 Planificaciones de Unidades Corta

4.1.1.1 Unidades de Corta Anual. Las 90 ha de bosque productivo se proyectan a aprovechar durante cuatro años, lo que representa un área de corta anual de 22,5ha durante el tiempo de ejecución del Plan de Aprovechamiento y Manejo. Tendrá en cuenta la experiencia, los usos, las preferencias y las costumbres locales, para iniciar el aprovechamiento forestal.

Procurando que la regeneración natural siga aportando un número suficiente de individuos para todas las especies, variando la cantidad entre renuevos y brinzales, como fue establecido en las actuales condiciones naturales. Si todos los latizales encontrados llegan a la etapa de latizal maduro, teniendo en cuenta su cantidad, amerita realizar un tipo de manejo que garantice la presencia de las mejores y más deseables especies y si, por el contrario, dada la influencia de factores adversos, no se presenta la suficiente regeneración para asegurar el número de fustales que garanticen la producción persistente, será necesario adelantar programas de enriquecimiento en las áreas con bosque o efectuar reforestaciones en las zonas donde haya desaparecido o se haya empobrecido el bosque debido a un aprovechamiento inadecuada, exagerada e intensivo.

4.1.1.2 Vías de extracción. Las vías de extracción de la madera serán acuáticas y terrestres para transporte menor y mayor respectivamente.

4.1.1.3 Sitio de acopio y campamento. La extracción acuática para transporte menor, consisten en trasladar las trozas empleando mulas desde el sitio de apeo hasta las orillas del río o de la quebrada; en este caso la madera se acopiará en lugares de almacenamiento. El transporte mayor, se realizará después del arrume y preparación de las trozas, bloques o piezas en el sitio de almacenamiento utilizando camiones.

5 CARACTERIZACION ECOLOGICA.

5.1 CARACTERIZACIÓN FLORÍSTICA

5.1.1 Tipos de Bosques. Según el mapa ecológico de Colombia, elaborado según el proyecto de zonificación ecológica del pacífico IGAC en el corregimiento se distingue la siguiente cobertura vegetal:

5.1.1.1 Bosques de Baja altitud y Pie de Montaña (Bc). Corresponde a los bosques zonales, con características debidas a las condiciones imperantes; se desarrollan en un rango altitudinal desde el nivel del mar hasta aproximadamente 800msnm y con un límite máximo de 1000 metros. No están conspicuamente marcados por factores limitantes en su formación (suelos anegados, suelos aluviales).

Ocupan posiciones topográficas correspondientes a abanicos coluvio – aluviales, colinas, estribaciones de serranía. Las especies más representativas de acuerdo con el IVI (Índice de Valor de Importancia) (IGAC, 1984) son: Sande (*Brosimum Utíle*), Cuangare (*Virola Reide*), Caimito (*Pouteria sp.*), Nuanamo (*Virola sp.*), Carbonero (*Hirteja racemosa*), Anime (*Protium sp.*), Chanú (*Sacoglotis procera*), Guasco (*Eschweilera sp.*). Mora (*Clarisia racemosa*), Soroga (*Vochysia ferruginea*), Guamo o Guabo (*Inga sp.*), Carrá (*Huberodendron patínoe*), Abarco (*Cariniana pyriformes*), Zanca de Araña (*Chrysochlamis sp.*), Peine Mono (*Apeaba áspera*), Jigua (*Ocotea sp.*).

5.1.1.2 Bosques Aluviales (Bb). Esta denominación incluye toda una variedad de asociaciones cuya diferencia principal las dan las condiciones edáficas que están relacionadas con los niveles de inundación que origina el exceso de escorrentía y que permanece por periodos de tiempo que van desde horas, pasan por semanas y llegan hasta seis meses o casi todo el año con lámina de agua sobre el suelo. Es así como surge la dominancia de

un número reducido de especies que se adaptan a estos limitantes. La gente
los denomina de acuerdo las especies presentes, tal como los "panganales"
que corresponden a los denominados en la clasificación de UNESCO (1973)
como bosques pantanosos y la especie dominante es la palma *Raphia
taedigera*.

Algunas otras como el Güino (*Carapa guianensis*), Nuanamo (*Virola sp*),
Roble (*Tabebuia rosea*). Los "cuangariales" clasificados como bosques
turbosos de baja altitud (Unesco), con Cuángare (*Virola sp, Otoba gracilipes*),
Sajo (*Campnosperma panamensis*), "sajales" con dominancia de Sajo y de
Camarón (*Alchornea sp*).

También dentro de esta categoría de aluviales se desarrollan en condiciones
de mejor drenaje, y en terrazas y abanicos unos excelentes bosques
heterogéneos.

5.1 INVENTARIO FORESTAL.

El inventario forestal estadístico realizado en el municipio de Medio Baudó,
corregimiento de Pie de Pepé, ha sido con el propósito de efectuar un plan
de aprovechamiento y manejo de acuerdo con la exigencia del estatuto
forestal nacional y el estatuto forestal de CODECHOCÓ, es decir de acuerdo
con el decreto 1791 de 1996 y la resolución 987 de 1998 de la corporación.

Dentro de dicho corregimiento existe una extensa área de bosques
comunitarios que puede llegar a ser utilizada para la extracción de productos
forestales de los campesinos de esta comunidad.

Dentro del área del bosque comunitario del CONSEJO COMUNITARIO PIE DE PEPE se definió la unidad de evaluación o de manejo, constituida por un bloque compacto de bosque comunitario de 100 ha (1.000 x 1.000m), es decir, que dentro de esta área se formuló el plan de manejo forestal, para posibilitar el estudio de aprovechamiento forestal de conformidad con las normas, por parte de la comunidad.

5.1.1 Características del muestreo forestal. Para la realización del inventario se tomó como eje de referencia una línea base de 1.000 m de longitud, trazada en dirección Este - Oeste, en la cual divide al bosque comunitario o unidad de evaluación en dos mitades iguales de 500 m x 500 m; las cuales se denominaron sub-bloque 1 (B1) y sub. -bloque 2 (B2). Sobre esta línea base se trazaron con rumbo Norte – Sur, alternadamente 4 líneas de inventarios o unidades de muestreo de una longitud de 500m por 10mts de ancho, determinando claramente las unidades de muestreo.

Cada línea o faja de 500m x 10m, se divide en 10 subparcelas de 50m x 10m, constituyéndose así las unidades de registro, las cuales en las 4 líneas dan un total de 40 parcelas o Unidades de Registro y dentro de cada una de estas unidades de registros se midieron todos los árboles de las diferentes especies que se encontraron dentro del área con un D.A.P. mayor o igual de 10cm.

Posteriormente, para cumplir con la normatividad vigente dentro de cada unidad de muestreo, se levantó un registro de renuevos (ct1), brinzales (ct2), y latizales (ct3), para todas las especies.

En el área boscosa de 100 hectáreas o unidad de evaluación descrita en los términos indicados anteriormente, se hizo un inventario forestal sobre 2 hectáreas de bosque que corresponden al 2% del total de la unidad de evaluación, siendo esta la intensidad del muestreo.

5.1.2 Registro y cálculo de la Información. Los registros en la realización del inventario, se hicieron tomando la siguiente información: número de parcelas, línea o unidad de muestreo; número de subparcela o unidad de registro, nombre regional de cada uno de los árboles; diámetro a la altura del pecho (D.A.P) de los árboles existentes, altura comercial y total en metros de cada uno de los árboles; registro de la regeneración natural de todas las especies presentes en las unidades de muestreo teniendo en cuenta las siguientes categorías (Renuevos o plántulas, cuando presenten alturas menores a 30cm; Brinzal, cuando presenten alturas entre 31 y 150cm: Latízales cuando presenten alturas superiores a 150cm y diámetros inferiores a 9.9cm).

5.2. Método de Cálculo. Para el análisis de la información estadística y el cálculo de volúmenes comerciales encontradas dentro del área de trabajo, se realizaron las formulas correspondiente para la elaboración de cada uno de ellos.

$$AB = 0.7854 \times DAP^2$$

$$Vol. = AB \times hc \times Ff$$

También se utilizaron las siguientes formulas con el programa Excel de Microsoft:

De igual manera, se utilizó la tabla de volumen para árboles en pie, volumen con corteza de la Teresita.

Donde:

AB = Área basal (m^2).

DAP = Diámetro a la altura del pecho con corteza (medido a una 1,30 m a nivel del suelo).

Vol. = Volumen (m^3)

he = Altura comercial en (m)

Fe = Factor forma (0,7)

❖ **Densidad:** Es el número de árboles registrados por unidad de superficie o área total del muestreo.

$$❖ \; D = \frac{Número \; de \; árboles}{Área \; total \; de \; la \; muestra \; en \; ha}$$

❖ **Abundancia:** Es el número de árboles por especies registrados en cada unidad del muestreo. Puede ser absoluta y relativa, la abundancia absoluta se refiere al número total de individuo por especies contabilizados en el inventario, donde:

❖ **Aa** = Número de individuos por especies.

❖ **Abundancia relativa:** Es la relación porcentual en participación de cada especie frente al número total de árboles.

$$Ar = \frac{\text{Número de individuos por especies} \times 100}{\text{Número de individuos en el área muestreada}}$$

❖ **Frecuencia:** Es la presencia o ausencia de una especie en cada una de las unidades del muestreo y esta puede ser absoluta o relativa:

◆ ***Frecuencia absoluta:*** Es la relación porcentual correspondiente al número de unidades de muestreo en que ocurre una especie entre el número total de las unidades del muestreo y su fórmula es la siguiente:

$$Fa = \frac{\text{Número de unidades de muestreo en que ocurre una especie} \times 100}{\text{Número total de unidades de muestreo}}$$

◆ ***Frecuencia relativa:*** Es la relación porcentual de la frecuencia absoluta de una especie entre el sumatorio total de las frecuencias absolutas de todas las especies, la fórmula es la siguiente:

$$Fr = \frac{\text{Frecuencia absoluta de una especie} \times 100}{\text{Suma total de frecuencias absolutas}}$$

❖ **Dominancia:** Es el grado de cobertura de las especies como expresión del espacio ocupado por ella, de igual forma puede ser absoluta o relativa.

♦ ***Dominancia absoluta****:* Se define como la sumatoria de las áreas básales de la misma especie presente dentro de cada unidad del muestreo, expresada en m^2.

♦ ***Dominancia relativa:*** Se expresa en porcentaje y está dada por la relación entre el área basal de una especie y el sumatorio total de las dominancias absolutas de todas las especies registradas en el inventario, la ecuación empleada es:

♦

$$Dr = \frac{\textit{Área basal de cada especie } x \ 100}{\textit{Área basal total en el área muestreada}}$$

❖ **Índice de valor de importancia "IVI":** Esta dado por la suma de los parámetros expresados en porcentaje de la abundancia, frecuencia y dominancia relativa y se utiliza para realizar estudios descriptivos y cuantitativos de las estructuras de los tipos de bosque. **IVI = Ar% + Fr% + Dr%.**

❖ **Coeficiente de mezcla:** Se expresa como la proporción entre el número de especies encontradas por el total de árboles inventariados, su resultado da un fraccionario que representa el promedio de individuos de cada especie dentro del tipo de bosque, para calcularlo se emplea la siguiente relación.

$$Cm = \frac{\textit{Número de especies}}{\textit{Número total de individuos}}$$

Diversidad general de **Shannon Wienner** (H´).

$$H' = -\sum (n_i / N) x \frac{\log_{10}\left(\frac{n_i}{N}\right)}{\log_{10}(2)}$$

Donde:

H`: Diversidad.

n_i: Número de individuos de la especie i.

N: Número total de individuos, $\sum n_i$.

pi: $\frac{n_i}{N}$ Proporción del número de individuos de la especie i con respecto al

total

Log_{10}: Logaritmo con base en 10.

Coeficiente Cualitativo de Sorensen (C_s).

$$C_s = \frac{2x\sum C}{\sum a + \sum b} x100$$

Donde:

C_s: Coeficiente de similitud de Sorensen.

a: Número de especies en la comunidad o muestra 1.

b: Número de especies en la comunidad o muestra 2.

C: Número de especies comunes o que se presentan en ambas comunidades.

Índice de Morisita (M_i):

$$I_m = \frac{2\sum(X_i x Y_i)}{(\lambda_1 * \lambda_2)(N_1 x N_2)}$$

$$\lambda_1 = \frac{\sum[X_i(X_i - 1)]}{N_1(N_1 - 1)}$$

$$\lambda_2 = \frac{\sum[Y_i(Y_i - 1)]}{N_2(N_2 - 1)}$$

$N_1 = \sum X_i$

$N_2 = \sum Y_i$

Donde:

I_m = índice de Morisita.

X_i: Número de individuos de la especie i en la comunidad o en la muestra 1.

Y_i. Número de individuos de la especie i en la comunidad o en la muestra 2.

N_1: Número total de individuos de todas las especies en la comunidad o muestra 1.

N₂: Número de total de individuos de todas las especies en la comunidad o muestra 2.

Índice de Simpson (**Is**):

$$D = \frac{[n_i(n_i - 1)]}{N(N-1)}$$

$$I_s = \frac{1}{D} \qquad (0 < D < 1)$$

Donde:

I_s: Índice de Simpson.

D: Diversidad de las especies.

n_i: Número de individuos de la especie i.

N: $\sum n_i$ = Abundancia total de la especie.

❖ **Volumen**: Los resultados del inventario forestal, realizados en el área a manejar dio una alta confiabilidad para los volúmenes de las especies forestales de interés.

Para la cubicación de los árboles también se utilizó la tabla de volumen de la teresita.

5.3 RIQUEZA Y DIVERSIDAD FLORÍSTICA.

5.3.1 Abundancia de las especies. Las especies más abundantes encontradas en el área de muestreo fueron: el Lechero (*Brosimum utile*) con un total de 80 individuos, con una abundancia relativa de 6,993%, equivalente al 22% del número total de individuos encontrados. Palma memé (*Wettinia quinaria*) con 31 individuos y una abundancia relativa del 4,545%, representando el 14% de todos los individuos, Hormigo (*Miconia sp*) con 35 árboles, con una abundancia relativa de 3,059%, correspondiente al 10% de los individuos del área muestreada, Carrá (*Humberodendron patinoi*) con 35 árboles, una abundancia relativa de 3,059%, equivalente al 9% de todos los individuos censados, Caimito de monte y Caidita (*Nectandra sp*) con 31 individuos, una abundancia relativa de 2,710% y 1,836% respectivamente, equivalente al 8% cada uno, Anime (*Protium veneralense*) con 30 árboles, una abundancia relativa de 2,622%, representando el 8% de todos los árboles inventariados. Palma barrigona (*Triartea delfoidea*) con 25 individuos, una abundancia relativa de 2,185%, que equivale al 7% del número total de individuos. Sangre gallina (*Vismia panamensis*) y Algodoncillo (*Croton killipianus*) con 24 individuos, una abundancia relativa 2,098% ambas especies, equivalentes al 7% de todos los árboles censados.

5.3.2 Frecuencia. Las especies que se presentaron con mayor frecuencia en cada una de las unidades de muestreo fueron Aceite maria (*Calophyllum mariae*), Algodoncillo (*Croton killipianus*), Anime (*Protium veneralense*), Aserrín (*Parkia oppositifolia*), Boteco (*Matisia sp.*), Caidita (*Nectandra sp*), Caimito de monte, Canelo (*Licaria limbosa*), Cargadero (*Cymbopetalum sp*), Carbonero (*Licania durifolia*), Carrá, (*Humberodendron patinoi*), Cascajero (*Macrocnemum sp*), Castaño (*Composneura atopa*), Cedro macho (*Tapirira miriantus*), Chocó, (Choíba*Dipteris panamensis*), Otobo (*Osteohhloem* *platyspermum*), Palma meme (*Wettinia quinaria*), Palma zancona (*Socrotea exorrhiza*) y Palma taparo (*Orbingya cuatrecasana*).

5.3.3 Dominancia. Las especies más dominantes del área muestreada son el Lechero (*Brosimum utile*) con 8,638m^2; Carrá (*Humberodendron patinoi*) con 3,276m^2; Boteco *(Matisia sp.)* con 2,612m^2; Caimito de monte con 1,708m^2; Cedro macho (*Tapirira miriantus*) con 1,509m^2; Hormigo (*Miconia sp*) con 1,494m^2; Anime (*Protium veneralense*) con 1,475m^2; Carbonero (*Licania durifolia*) con 1,272m^2; Algodoncillo (*Croton killipianus*) con 1,228m^2 y Caidita (*Nectandra sp*) con 1,221m^2.

5.3.4 Índice de Valor de Importancia. Las especies que presentan mayor IVI son: Lechero (*Brosimum utile*) con 22,87% correspondiente al 29%. Carrá (*Humberodendron patinoi*) con 9,85% equivalente al 12%. Boteco *(Matisia sp.)* con 8,37% representando el 10%. Palma memé (*Wettinia quinaria*), con 7,81% que equivale al 9%. Caimito de monte con 6,84% que equivale al 8%. Hormigo (*Miconia sp*) con 6,83% correspondiente al 8%. Anime *(Protium veneralence),* con 6,36% representando el 7%. Cedro macho (*Tapirira miriantus*) con 5,54% equivalente al 6%. Algodoncillo con 5,41% que equivale al 6%. Y Caidita con 5,14% que representa el 5%.

5.3.5 Caracterización de la Regeneración Natural. Aprovechar, conservar y manejar la regeneración natural permite la sostenibilidad de un bosque, debido a esto es necesario aplicar técnicas silviculturales y planes de aprovechamiento y manejo al aprovechar nuestros bosques. Las especies de regeneración natural mejores representadas fueron el Algodoncillo que tenía 11 individuos, Incibe con 9 árboles, Anime con 8 individuos, Palma memé y Otobo con 7 árboles respectivamente, Lechero con 6 árboles y Aceite maría con 5 árboles.

5.3.6 Volumen y Estructura Diamétrica.

5.3.6.1 Volumen. Se registraron para la categoría diamétrica **I** 419 árboles y un volumen 39,125 m^3. En la categoría diamétrica **II** se encontraron 411 individuos con un volumen de 143,303 m^3. En la categoría **III** se registraron 183 árboles con un volumen de 170,426 m^3. Para la categoría **IV** se registraron 82 individuos con 162,209 m^3 de volumen. En la categoría **V** se encontraron 23 individuos con un volumen de 83,324 m^3. En la categoría **VI** se registraron 22 árboles con un volumen de 114,673 m^3. Para la categoría **VII** se registraron 2 árboles con 12,273 m^3 de volumen, categoría **VIII** se registraron 1 árbol con un volumen de 6,329 m^3 y para la categoría **X** se registró 1 árbol con 11,307m^3 de volumen.

5.3.6.2 Área Basal. Se registró para la categoría **I** un área de basal de 5,694 m^2, la categoría **II** cuenta con un área basal de 15,946 m^2; la categoría **III** registro 15,011 m^2; para la categoría **IV** se registraron 11,237 m^2; de área basal; en la categoría **V** se registró un área basal de 4,804 m^2; en la categoría **VI** se registró un área basal de 6,663 m^2; Para la categoría **VII** se registró 0,827 m^2 de área basal; Para la categoría **VIII** se registró 0,503 de área basal y para la categoría **X** se registró un área basal de 0,785m^2.

5.3.6.3 Número de Árboles por línea y área muestreada. Se contó con un total de 1.144 individuos en el área muestreada, donde la especie con mayor representatividad fue Lechero (*Brosimum utile)* con 80 individuos, seguidos del Palma memé (*Gustavia* sp) con 52 individuos, Carra (*Humberodendro patinoi*) con 35 individuos, Hormigo (*Lunania paruiflora* spr.et Benth) con 35 individuos, Boteco (Matisia sp) con 31 individuos, Caimito de monte (N.N) con 31 individuos, Anime (*Protium nervosum* cuatr)) con 30 individuos y

Palma barrigona (*Cyanthea* spp) con 25 individuos. En cuanto al número de árboles por línea y unidad de muestreo, las que presentaron mayor número de individuos fueron: la línea uno con 292 árboles, la línea con 288 árboles, la línea tres con 284 árboles y la línea cuatro con 200 individuos.

5.3.6.4 Caracterización de las especies o estratificación según Ogawa. La estratificación según Ogawa muestra un enjambre de puntos aislados, lo que indica el vacío de las copas en los niveles intermedios, sugiriendo un número de estratos diferenciales en el perfil del bosque.

5.3.6.5 Índice de Shannon Weiver (H`). Este índice se calculó para medir la heterogeneidad o diversidad en área, y para este caso se obtuvo un valor de 7.353, lo que indica que hay una poca alteración y alta diversidad de especies en el bosque de Pie de pepe.

5.3.6.6 Índice de Shannon Weiver por familia (H`). El índice de Shannon Wiener por familia registró un valor de 0,149 lo que indica que el bosque de Pie de Pepe presenta poca alteración del ecosistema y una alta diversidad de familias.

5.3.6.7 Índice de Simpson. El muestreo realizado en esta investigación y su correspondiente calculo indica que la probabilidad de que al tomar dos individuos al azar sean de la misma especie es mínima (0,000041).

5.3.6.8 Índice de Marisita (Mi). Dentro de las parcelas 1 y 2 empleadas para calcular este índice se registraron 576 individuos distribuidos así, parcela uno 289 individuos, parcela dos 287 individuos, lo que indica una similitud entre parcelas de 0,087%.

5.3.6.9 Coeficiente de similitud de Sorensen (.CS). El Coeficiente de Similitud de Sorensen (Cs) fue de 24,306 %, es decir, que hay una similitud muy baja entre las parcelas 1 y 2.

5.3.6.10 Análisis estadístico y cálculo del error de muestreo.

LINEAS	Área Muestreada (ha)		Volumen Muestreado (m³)		Producto (ha x m³)
	X	X²	Y	Y²	(X.Y)
1	0,5	0,25	54,361	2.955,118	27,181
2	0,5	0,25	50,895	2.590,301	25,448
3	0,5	0,25	48,248	2.327,870	24,124
4	0,5	0,25	61,870	3.827,897	30,935
TOTALES	2,00	1,00	215,374	11.701,186	107,687

Fracción de muestreo:

$$f = \frac{\sum' x}{At} = \frac{2ha}{100ha} = 0,02$$

Intensidad de muestreo:

$$Im = \frac{\sum' x}{At} * 100\% = \frac{2ha}{100ha} * 100 = 2\%$$

Media del área muestreada

$$\overline{X} = \frac{\sum' x}{n} = \frac{2ha}{4} = 0,5ha$$

$$\overline{X}^2 = 0,25(ha)^2$$

Media del volumen muestreado

$$\overline{Y} = \frac{\sum' y}{n} = \frac{215,374m^3}{4} = 53,844m^3$$

$$\overline{Y}^2 = 2899,068(m^3)^2$$

Media de $\overline{x}$ del área muestreada por la media del volumen muestreado $\overline{y}$

$$\overline{x} * \overline{y} = 53,844ha * 0,5m^3 = 26,922ha * m^3$$

Volumen medio por hectárea

$$\overline{q} = \frac{\overline{y}}{\overline{x}}$$

$$\overline{q} = \frac{53,844(m^3)}{0,5(ha)} = 107,686(m^3)/ha$$

$$\overline{q}^2 = 11596,274(m^3/ha)^2$$

<u>**Cálculo de la varianza:**</u>

$$S^2_{\bar{q}} = \frac{(1-f)}{n*(n-1)} * \bar{q}^{-2} * \left[\frac{\sum x^2}{\bar{x}^2} + \frac{\sum y^2}{\bar{y}^2} - 2\left(\frac{\sum x*y}{\bar{x}*\bar{y}} \right) \right]$$

$$S^2_{\bar{q}} = \frac{(1-0.02)}{4*(4-1)} * 11596,274(m^3/ha)^2 * \left[\frac{1ha^2}{0,25ha^2} + \frac{11701,186(m^3)^2}{2899,068(m^3)^2} - 2\left(\frac{107,687(m^3*ha)}{0,5ha*53,844m^3} \right) \right]$$

$$S^2_{\bar{q}} = 950,930(m^3/ha) * 0,036$$

$$S^2_{\bar{q}} = 34,233(m^3/ha)$$

Varianza: $S^2_{\bar{q}} = 1171,898(m^3/ha)$

Desviación estándar

$$S_{\bar{q}} = \sqrt{S^2_{\bar{q}}}$$

$$S_{\bar{q}} = \sqrt{34,233(m^3/ha)^2}$$

$$S_{\bar{q}} = 5,850(m^3/ha)$$

Calculo del error de Muestreo

$$E\% = S\bar{q}\% = \frac{\pm S\bar{q}*100}{\bar{q}}$$

$$E\% = \frac{5,850(m^3/ha)*100}{107,686(m^3)/ha}$$

$$E\% = 5,433\%$$

❖ **Prueba de t de Studen $t^{5\%}_{8gl}$**

$$L_1, L_2 = \bar{q} \pm t^{5\%}_{gl=7} * E\%$$

Con base en $t^{5\%}_{gl=7} = 1{,}895$

<u>Límites de confianza:</u>

❖ Límite superior: L_1 = 107,686 m³/ha + 1,895 * 5,433 = 117,981 m³/ha

❖ Límite Inferior o Volumen confiable: L_2= 107,686 m³ / ha – 1,895 *5,433 = 97,390 m³/ha.

❖ El volumen del inventario se encuentra entre: **117,981 m³** y **97,390 m³** siendo el volumen más confiable el de **97,390 m³**

❖ Volumen de todo del bosque 36.915,240 **m³**

5.3.7.1 Volumen por especie y por línea para todos los árboles encontrados con DAP >= 10 cm. Se registró un volumen total de 738,305 m³, distribuidas dentro de las cuatro líneas así: línea cuatro con un volumen de 187,471 m³, línea tres con 187,926 m³, línea dos 162,312 m³, y la línea uno con 200,596 m³.

5.3.7.2 Volumen por especie y por línea para todos los árboles encontrados con DAP>10 cm y <= 35 cm. Para esta categoría se registró un volumen de 353,759 m³, presentando mayor representatividad las siguientes líneas: línea cuatro con 99,983 m³ y línea tres 90,818 m³.

5.3.7.3 Volumen por especie y por línea para todos los árboles encontrados con DAP>40 cm. Se registró un volumen total de 392,271 m³, distribuido dentro de las cuatro líneas de mayor a menor de la siguiente forma: línea uno 115,214 m³, línea tres con 97,102 m³, línea cuatro 93,708 m³, y línea dos 86,247 m³.

5.3.7.4 Volumen por especie y por área muestreada para todos los árboles encontrados con DAP >= 10 cm. Se registró un volumen medio por hectárea de 369,152 m³ y un volumen total de las 100 ha muestreadas de 36.915,240 m³, donde las especies más representativas fueron: Lechero (*Brosimum utile*) con un volumen medio de 57,248 m³ y un volumen total de 5.724,750 m³, Carrá (*Humberodendro patinoi*) con un volumen medio de 25,747 m³ y un volumen total de 2.574,650 m³, Boteco (*Matisia sp*) con un volumen medio de 16,355 m³ y un total de 1.635,450 m³, Anime (*Protium nervosum cuatr*) con un volumen medio de 14,251 y un total de 1.425,100 m³; dentro de las menos representativas registradas se tiene: Manteco (*Pera arborea*) con un volumen medio de 0,006 m³ y un volumen total de 0,550 m³, Guacharaco *(N.N)* con un volumen medio de 0,028 m³ y un total de 2,800 m³ y Castañeta (*N.N*) con un volumen medio de 0,034 m³ y un total de 3,350 m³.

5.3.7.5 Volumen por especie y por área muestreada para todos los árboles encontrados con DAP >10 cm. y <= 35 cm. Se registró un volumen medio de 176,880 m³ y un volumen total de 17.687,950 m³, dentro de los cuales las especies más representativas fueron: Lechero (*Brosimum utile)* con un volumen medio de 12,874 m³ y un volumen total de 1.287,400 m³, Hormigo (*Lunania paruiflora spr.et Benth*) con un volumen medio de 6,408 m³ y un total de 640,750 m³, Boteco (*Matisia sp*) con un volumen medio de 6,201 y un total de 620,100 m³, Anime (*Protium nervosum cuatr*) con un volumen medio de 5,720 m^3 y un total de 571,950 m^3; dentro de los menos representativos se registraron:. Manteco (*Pera arborea*) con un volumen medio de 0,006 m^3 y un volumen total de 0,550 m^3, Guacharaco *(N.N)* con un volumen medio de 0,028 m^3 y un total de 2,800 m^3 y Castañeta *(N.N)* con un volumen medio de 0,034 m^3 y un total de 3,350 m^3.

5.3.7.6 Volumen por especie y por área muestreada para todos los árboles encontrados con DAP >=40 cm. En este se registró un total de 54 individuos y un volumen medio de 196,136 m^3 y un volumen total de 19.613,550 m^3, distribuidos dentro de las especies más representativas así: Lechero (*Brosimum utile*) con un volumen medio de 44,334 m^3 y un volumen total de 4.437,,350 m^3, Carra (*Humberodendron patinoi*) con un volumen medio de 21,459 m^3 y un volumen total de 2.145,850 m^3, Boteco (*Matisia sp*) con un volumen medio de 10,154 m^3 y un volumen total de 1.015,350 m^3, las menos representativas fueron: Chanó (*Sacoglostis procera*) con un volumen medio de 0,455 m^3 y un total de 45,500 m^3 , Lirio (*Couma macrocarpa*) con un volumen medio de 0,791 m^3 y Choibá (*Dipteris panamensis*) con un volumen medio de 0,791 m^3 y un volumen total de 79,050 m^3.

5.3.7.7 Volumen por línea y por área muestreada para todos los árboles con DAP >= 10 cm. Se registró un volumen muestreado de 369,152 m^3 y un volumen total de 36.915,240 m^3, don de las líneas más representativas fueron: línea uno con un volumen de 100,298 m^3 y un total de 10.029,800 m^3, línea tres con un volumen medio de 93,963 m^3 y un volumen total de 9.396,300 m^3.

5.3.7.8 Volumen por línea y por área muestreada para todos los árboles con DAP >=10 cm y <= 35 cm. Para este se registró un volumen muestreado de 176,880 m^3 y un volumen total de 17.687,950 m^3, distribuidas dentro de las líneas de mayor a menor representatividad.

5.3.7.9 Volumen por línea y por área muestreada para todos los árboles con DAP >=40 cm. Se registró un volumen medio de 196,136 m^3 y un volumen total de 19.613,550 m^3, donde las líneas más representativas fueron: línea uno con un volumen medio de 57,607 m^3 y un volumen total de 5.760,700 m^3 y línea tres con un volumen medio de 48,551 m^3 y un volumen total de 4.855,100m^3.

5.3.7.10 Volumen por familia y por líneas de las especies con DAP >= 10 cm. Se registraron 34 familias con un volumen total de 742,954 m^3, distribuido dentro de los cuatros líneos. Las más representativas fueron: Moraceae con 122,943 m^3, Bombacaceae con 95,850 m^3, Lauraceae con 59,187 m^3, las menos representativas fueron: Verbenaceae con 0,231 m^3, Combretaceae con 1,286 m^3, Simaurobaceae con 3,327 m^3.

5.3.8.1 Volumen por familia y por línea de las especies con DAP >= 10 cm y <= 35 cm. Se registró un volumen total de 450,403 m^3, y las familias que mayor representatividad tuvieron fueron: Moraceae con 69,293 m^3, Bombacaceae con 48,289 m^3, Lauraceae con 44,978 m^3; las de menos representatividad fueron: Verbenaceae con 0,231 m^3, Celastraceae con 1,252 m^3, Combretaceae con 1,286 m^3 respectivamente.

5.3.8.2 Volumen por familia y por línea de las especies con DAP >= 40 cm. Se obtuvo un volumen total de 390,114 m^3, registrándose con mayor representatividad las siguientes familias: Moraceae con 92,449 m^3, Bombacaceae con 66.434 m^3, Anacardiaceae con 23,622 m^3, y las menos representativas fueron: Apocinácea con 1,581 m³, Annonaceae con 1,581 m³, Clusiaceae con 2,008 m³ y Tiliaceae con 2,472 m³.

5.3.8.3 CARACTERÍSTICA DE LA REGENERACIÓN NATURAL.

Composición florística. Dentro de regeneración natural se encontraron 27 familias, 77 especies y 199 individuos.

Las familias más representativas fueron: *N.N* con 20 individuos, Euphorbiaceae con 11individuos, Lauraceae con 9 individuos Buserácea con 8 individuo y Miristicácea, Acerácea con 7 individuos respectivamente.

5.3.8.4 Densidad, coeficiente de mezcla y abundancia de la Regeneración natural para las categorías Renuevo, Brinzal y Latizal.

En la categoría renuevo se registró un total de 176 individuos donde las especies más representativas fueron: Anime con 14 individuos y una abundancia relativa 7,955 %, Incibe con 10 individuos y una abundancia relativa de 5,682 %, Otobo con 9 individuos y una abundancia relativa de 5,114 %, Y las menos representativas fueron: fruta, Verbenaza, Rabo de iguana, Pampanillo, Palma táparo con 1 individuos y una abundancia relativa de 0,568 %, respectivamente.

En la categoría Brinzal se registró un total de 157 individuos, donde las especies más representativas fueron: Algodoncillo con 13 individuos y una abundancia relativa 8,280 %, Palma sin rama con 9 y una abundancia relativa de 5,732 %, Palma meme, Quiribe con 8 individuos y una abundancia relativa de 5,096 %, Incibe con 7 individuos y una abundancia relativa de 4,459 %. Y las menos representativas fueron: Mayorquín con 4 individuos y una abundancia relativa de 0,433 %, Parrillo, Pampanillo, Palma rabo de zorra con 1 individuos y una abundancia relativa de 0,637 %.

En la categoría Latizal se registró un total de 142 individuos, donde las especies más representativas fueron: Sajo con 7 individuos y una abundancia relativa 4,930 %, Aceite maria, Dinde con 6 y una abundancia relativa de 4,225 %, Algodoncillo, Costillo, Guamo con 5 individuos y una abundancia relativa de 3,521 %, Y las menos representativas fueron: Verbenaza, Vaina, Perdis, Parrillo, Palo blanco con 1 individuos y una abundancia relativa de 0,704 %.

5.3.8.5 Frecuencia de la Regeneración Natural para las categorías Renuevo, Brinzal y Latizal. En la categoría Renuevo se registró un total de 92 individuos donde las especies más representativas fueron: Carra, Incibe con 4 individuos y una frecuencia relativa de 4,348 %, Anime, Caimito de monte, Chanó, Choibá con 3 individuos y una frecuencia relativa de 3,261 %, Y las menos representativas fueron: Virgusa, Verbenaza, Vaina, Uva, Tuabe con 1 individuos y una frecuencia relativa de 1,087 %, cada uno.

En la categoría Brinzal se registró un total de 157 individuos donde las especies más representativas fueron: Lechero con 8 individuos y una frecuencia relativa de 5,096 %, Nuánamo. Hormigo blanco, Caimito y guamo con 6 individuos y una frecuencia relativa de 3,822 %, Algarrobo, Caraño, y Anime con 5 individuos y una frecuencia relativa de 3,185 %, Y las menos representativas fueron: Guamo amarillo, Uva, Jigua amarillo, Castaño, Pantano, Tometo, Hueso y Flor de rosa con 1 individuos y una frecuencia relativa de 0,637 %, respectivamente.

En la categoría Latizal se registró un total de 131 individuos donde las especies más representativas fueron: Hormigo blanco con 6 individuos y una frecuencia relativa de 4,580 %, Guamo con 5 individuos y una frecuencia relativa de 3,817 %, Bolenillo, Anime, Carbonero, Hormigo colorado, Jigua negro con 4 individuos y una frecuencia relativa de 3,053 %, respectivamente, Y las menos representativas fueron: Guayacán negro, Casaco, Pampanillo, Laurel, Castaño con 2 individuos y una frecuencia relativa de 1,527 %, respectivamente , Uva, Cedro macho, Tometo, Flor de rosa, Bongo, Algodoncillo y Carate con un individuo y una frecuencia relativa de 0,763 %.

5.3.8.6 Criterios de selección de especies aprovechables. Los criterios más importantes que se tendrán en cuenta para la selección de la especie a aprovechar es que este tenga el diámetro mínimo de corta exigido por la corporación autónoma de cada región el cual en nuestra zona es de 40cm de DAP.

6. CONSIDERACIONES AMBIENTALES

6.1 MEDIDAS PARA PREVENIR Y MITIGAR LOS IMPACTOS SOBRE LOS RECURSOS BIÓTICOS Y ABIÓTICOS.

Las medidas que se deben tener en cuenta dentro del inventario para evitar los impactos ambientales negativos, o mitigar el aprovechamiento de dichas especies parte principalmente de un buen manejo silvicultural que permita minimizar el deterioro que se genera en los componentes bióticos y abióticos por la realización de esta clase de trabajo y a su vez garantizar la sostenibilidad del bosque y de los recursos que en el existen.

6.1.1 Consideraciones Ambientales en el Aprovechamiento Forestal. En general, los recursos forestales serán extraídos en forma artesanal, con técnicas primarias que destruyen la vegetación que más tarde vendría a reemplazar al bosque adulto, talando bosque de fácil acceso a lo largo de los ríos y caños. Las técnicas de corte son ineficientes y un alto porcentaje del material que se tala queda en el bosque y no se incorpora a los mercados.

Para la realización de un buen aprovechamiento de la masa boscosa sin causar un impacto ambiental tan negativo se debe tener muy en cuenta la selección de los árboles apear, así como también las diferentes técnicas utilizadas para la extracción de la madera y un buen plan de manejo que reduzca los efectos negativos que genera sobre el ambiente el aprovechamiento del bosque y determine de qué forma se va a retribuir el daño causado a los ecosistemas presentes en el bosque.

6.1.1.1 Vías de Acceso (Transporte mayor). Debido a las condiciones topográficas que se presentan en la zona y en la dificultad que se pueda generar por el transporte de la madera por vía terrestre se considera que la mejor manera para transportar esta madera al lugar de transformación sería más recomendable por vía acuática debido a las condiciones donde se encuentra el corregimiento y a la dificultad que se presentaría por la utilización de un transporte diferente a éste.

6.1.1.2 Labores de Apeo de los Árboles. El apeo es una actividad que se realiza para que el árbol pase de una posición vertical a horizontal; en realidad estas labores son realizadas por medio de herramientas como hachas y motosierras. Esta última ha permitido una mayor extracción del recuso, por cuanto es empujada por combustible. Por lo general las labores de apeo en el corregimiento de Pie de Pepé se realizan al comenzar la estación de verano, para garantizar una mayor movilización de la madera, ya que el facilita la tarea de las mulas.

6.1.1.3 Acopio de Trozas. Una vez aserrada las trozas y transportadas hasta el sitio de comercialización (Istmina), estas son almacenadas y son comercializadas, en muchos casos rápidamente.

6.1.2 Conservación de la Biodiversidad. Pie de Pepé es un corregimiento de mucha variedad de especies tanto vegetales como animales, por ello es indispensable generar planes de manejo que garanticen la persistencia y sostenibilidad de los recursos.

6.1.2.1 Medidas de mitigación de impacto y aumento de los beneficios. Se plantea la necesidad de implantar medidas que garanticen minimizar los impactos negativos y que de hecho proporcionen unos mayores beneficios socioeconómicos a los productores de la zona, como el planteamiento de técnicas de manejos silviculturales del bosque en caso de que se pueda realizar una renovación del mismo o reforestar, no se pueda regenerar por sí mismo y de manera sostenible para garantizar ingresos económicos y por ende una mejor forma de vida para la comunidad.

6.2 CONSERVACIÓN DE LOS SUELOS Y LOS RECURSOS HÍDRICOS.

6.2.1 Recurso Suelo. Presentan limitaciones por drenajes (encharcamientos) por presencia de cascajo y/o piedras, o por inundaciones frecuentes, por lo que requieren una serie de prácticas de adecuación y manejo acordes con su naturaleza. Es importante conservar estos suelos porque se pueden aprovechar, principalmente en cultivos intensivos en su mayoría, y se pueden hacer aprovechamientos forestales, debido a que sus ecosistemas presentan una alta diversidad florística y de especies maderables comerciales.

Estos suelos se ven favorecidos por la topografía plana y un pH óptimo que les permite proporcionar elementos nutricionales a las plantas sin mayores restricciones. Las tierras presentan vocación agrícola para productos como Plátano, Borojo, Chontaduro, Banano y frutales.

6.2.1.1 Impactos previstos. Estos suelos son característicos de las regiones tropicales muy húmedas del país, son tierras de vocación forestal importante en el equilibrio de los ecosistemas del trópico húmedo.

Corresponden a sectores planos y colimados pero dedicados a la actividad agrícola con factores adversos como suelos superficiales, materiales susceptibles a la erosión, disposición de los estratos, que facilitan naturalmente la erosión.

6.2.1.2 Medidas de mitigación de impacto y aumento de los beneficios. Se pretende implantar medidas y técnicas de manejo tanto forestal como silvicultural, que proporcionen mayores beneficios socioeconómicos, ambientales y ecológicos a los productores y a la población en general.

6.2.2 Recurso Hídrico. El recurso agua es muy abundante en el corregimiento de Pie de Pepé, es utilizado como medio de transporte y para el abastecimiento de agua potable y medio de subsistencia a través de la pesca artesanal. Ello implica, por lo tanto, un adecuado manejo de este recurso en aras de su conservación.

La vulnerabilidad de los ríos y quebradas del corregimiento, se debe a la creciente contaminación derivada de la descarga de aguas servidas, excretas y basuras. Las intensidades de estas prácticas afectan los cuerpos de agua pese a que estos, tienen sus propios mecanismos de limpieza.

6.2.2.1 Impactos previstos. El recurso hídrico puede constituir amenazas por que son peligro un potencial para los cultivos, los pastos y la población residente. Las inundaciones ocurren cuando los aguaceros intensos o de larga duración sobrepasan la capacidad de retención de humedad del suelo y los causes. Las inundaciones se presentan en depresiones inundables, en la planicie aluvial, específicamente en las vegas de los ríos y en las terrazas bajas y es maximizada cuando la cubierta vegetal que regula el régimen hídrico ha desaparecido o se ha reducido drásticamente. Las inundaciones constituyen una amenaza cuando las áreas mencionadas se destinan para propósitos diferentes a los de protección, ocasionando pérdidas económicas y humanas.

6.3 UTILIZACIÓN DE PRODUCTOS QUÍMICOS.

6.3.1 Manejo de Combustible y lubricantes. Dentro de un aprovechamiento es indispensable la utilización de herramientas, las cuales actúan con base en combustibles y aceites, que deben estar ubicados en sitios bien limpios y con una buena seguridad para evitar pérdidas y esparcimiento en el área. Por otro lado, se debe tener un especial cuidado al usar aceites y combustibles, ya que en el momento de extraer la madera del bosque estos presentan una influencia negativa en el agua y si no se hace un buen manejo de estos, se pueden contaminar el agua y ocasionar daño a las especies que hay en la quebrada.

6.3.2 Primeros Auxilios. Al ingresar al bosque o la zona de estudio se debe llevar un botiquín, con medicamentos que sean de fácil manejo y de rápida eficacia, en caso de presentarse algún accidente. Con el propósito de no suspender el trabajo y evitar así que se pierda tiempo en el transcurso de la realización de las diferentes actividades empleadas en un aprovechamiento forestal.

6.3.3 Incendio. Aunque en este medio no son tan comunes los incendios en el bosque, ya sea por acciones del sol o altas temperaturas, se debe tener mucho cuidado manteniendo una buena cobertura vegetal a fin de preservar la humedad relativa del suelo para evitar la resequedad y el marchitamiento de las plantas más pequeñas. Además, no se deben arrojar bolsas plásticas ni ningún otro tipo de basura.

6.4 MANEJO DE RESIDUOS.

En este corregimiento no existe alcantarillado, pero la mayor parte de la población posee taza sanitaria como solución individual, las aguas son evacuadas por tubería a las quebradas Banderillero, El Bracito y río Pepé.

El vertimiento de aguas servidas afecta las fuentes hídricas, su estabilidad ambiental dada la cantidad de población y el lugar del vertimiento que corresponde a la parte alta o nacimiento de río Pepé. Se debe tener en cuenta además que poblaciones de aguas abajo se sirven de esta misma fuente.

En cuanto a la cobertura en el servicio de aseo o recolección y tratamiento de residuos sólidos es del 0% en todo el municipio. La ausencia de este servicio es bastante notable, la mayoría de las familias del corregimiento, arrojan las basuras en la parte posterior de las casas, la comúnmente llamada "Paleadera", permitiendo la proliferación de algunos insectos como (moscas y zancudos.).

Tampoco se cuenta con un lugar destinado exclusivamente para el depósito de residuos sólidos. La mayoría de los habitantes arrojan directamente las basuras a los ríos o quebradas. Otra modalidad de evacuación que se presenta, es el depósito temporal de basuras en los patios para arrojarlos posteriormente al río. La ausencia de vías de comunicación terrestres, dificulta la posibilidad de recolección y deposito centralizado de las basuras.

6.5 CONSIDERACIONES AMBIENTALES EN SALUD HUMANA.

El suministro de agua potable es una de las prioridades fundamentales por ser uno de los servicios básicos. Se requiere de una planeación estratégica soportada en criterios de eficacia, eficiencia e impacto social. Se necesita realizar la dotación completa de un sistema de acueducto, ya sea por gravedad o por bombeo (bocatoma, tanques y red de distribución).

El corregimiento requiere de diversos tipos de alternativas para el manejo de las aguas servidas y los residuos sólidos. Para mejorar las condiciones de salud humana en esta población, se sugiere entonces, establecer Sistemas de alcantarillado donde se realice una dotación completa de red de colectores, pozos y lagunas de aireación; también un sistema de pozos sépticos biodigestores como sistema alternativo de tratamiento de aguas residuales, que comprenda la dotación de unos colectores y pozos sépticos multifamiliares; y proveer la dotación de un sistema de relleno sanitario, con cierta proximidad al área urbana, creando adicionalmente un sistema de recolección de residuos sólidos adecuado a las características de estas poblaciones.

6.6 ESTRATEGIAS E INSTRUMENTOS DE MONITOREO AMBIENTAL POR LOS ACTORES DEL MANEJO FORESTAL SOSTENIBLE.

En este aspecto se plantea que la riqueza natural debe ser una opción real del desarrollo, a partir de acciones como el fomento del uso sostenible de los recursos naturales (bosque, fauna, suelo,) para alcanzar la seguridad alimentaria, dada las prácticas productivas ancestrales ligadas al medio natural. Promover valor de los servicios ambientales, los usos avanzados de la biodiversidad y los derechos de las comunidades sobre ellas, y el fortalecimiento de la investigación y la oferta tecnológica apropiada.

Dentro del bosque se debe dar un manejo sostenible, que permita obtener recursos a la generación presente y garantizarles el recurso a las próximas generaciones. En este sentido existen las Corporaciones Autónomas encargadas de velar por esta estrategia.

6.6.1 Por la Autoridad Ambiental (CODECHOCÓ). La Corporación Autónoma Regional para el Desarrollo Sostenible del Choco (CODECHOCÓ), es la autoridad ambiental encargada de velar para que se alcance y se mantenga un desarrollo sostenible. Término aplicado al desarrollo económico y social que permite hacer frente a las necesidades del presente sin poner en peligro la capacidad de futuras generaciones para satisfacer sus propias necesidades. Hay dos conceptos fundamentales en lo que se refiere al uso y gestión sostenible de los recursos naturales.

En primer lugar, deben satisfacerse las necesidades básicas de la humanidad (comida, ropa, lugar donde vivir y trabajo). El principal objetivo de lograr un desarrollo sostenible para una comunidad, debe ser garantizar una seguridad alimenticia que permitan suplir todas las necesidades primordiales familiares que posteriormente generen una alta calidad de vida para toda la población.

6.6.2 Por la comunidad. Concientizar a la comunidad de Pie de Pepé a que adopten un sistema de uso y manejo forestal sostenible de los recursos naturales renovables; que permita mejorar su nivel de vida social, económica, ecológica y técnicamente.

7. PARTICIPACION COMUNITARIA.

Con relación a la organización y participación de la comunidad en los procesos de toma de decisiones y acciones para el desarrollo socio económico, se puede establecer que la comunidad de Pie de Pepé es muy organizada; existen prácticas tradicionales de solidaridad y compadrazgo, en proyectos de interés común. Esta comunidad cuenta con una estructura social organizada en torno a proyectos culturales y de desarrollo en general.

BIBLIOGRAFÍA

Esquema de Ordenamiento Territorial Medio Baudó (2006-2016). CODECHOCO - IIAP.

Plan de Ordenación Territorial Medio Baudó (2016). CODECHOCO - IIAP.

Técnico en Forestación (2000). Primera Edición.

yes I want morebooks!

Buy your books fast and straightforward online - at one of world's fastest growing online book stores! Environmentally sound due to Print-on-Demand technologies.

Buy your books online at
www.morebooks.shop

¡Compre sus libros rápido y directo en internet, en una de las librerías en línea con mayor crecimiento en el mundo! Producción que protege el medio ambiente a través de las tecnologías de impresión bajo demanda.

Compre sus libros online en
www.morebooks.shop

Printed by Books on Demand GmbH, Norderstedt / Germany